Literaturliste

A.Einstein, Wikipedia
B.Mandelbrot, E.Schrödinger Wikipedia
J.Habermas, Theorie des kommunikativen Handelns
E.Kandel, Biologie des Geistes, Suhrkamp
D.Kahnemann, Spiegel.de, Wikipedia
M.Planck, R.Clausius, Vimana Wikipedia

Thomas Sonnberger, Das geheime Leben der Bienen, BoD Thomas Sonnberger, Das geheime Leben der Haut, BoD
Thomas Sonnberger, Super(t)raum Wohnraum, Die Magische Wohnung, BoD
Thomas Sonnberger, Selbstorganisierende Verträge, Jus Coaching, BoD
Thomas Sonnberger, Selbstorganisierendes Crowdfunding, BoD
Thomas Sonnberger, Das geheime Leben der Flüsse, BoD
Thomas Sonnberger, Selbstorganisierende Beziehungen, L(i)ebe, BoD
Thomas Sonnberger, Selbstorganisierendes Schlanksein, BoD
Thomas Sonnberger, Pädagogik in einer Stunde erklärt, BoD

Buch zum Seminar

Der Magische Garten

Super(t)raum Gartenraum

Glücksformel

Energie, Effizienz, Gesundheit,

Nachhaltigkeit, Glückslieferung

Wenn Sie Fragen haben - wir sind für Sie da:
T.Sonnberger@hotmail.com

Wela e.V.
Geistiges Eigentum © 2010 by Thomas Sonnberger

ISBN: 9783741236792
Herstellung und Verlag: BoD – Books on Demand, Norderstedt

Wir sind, wie wir unsere Natur nützen

Am Anfang war das Licht ...
Aber was war vor dem Licht?
Woraus besteht Licht?

Schwingung

Deshalb haben Dirigenten die höchste Lebenserwartung. Auch die Schwingung, der Rhythmus der Tageszeiten, der Jahreszeiten macht die Menschen aufmerksam und ausgeglichen.

Was macht uns **glücklich, heißt gesund und stark**? Auch der Hypnotiseur kann nicht hypnotisieren, denn wir vollbringen die Leistung.

Das Gehirn macht so gerne Platz für neue, starke Leitungen.

Auch der Gärnter im Gehirn: die Mikroglia-Zellen reduzieren Unnötiges, spüren beschädigte Neuronen auf, jäten Zelltrümmer.

Die Masse, der Stamm, die Glia-Zellen bauen neue Verbindungen (Synapsen) auf, damit neue Triebe, Früchte, entstehen.

Der mehrmalige Champions-League-Gewinner gewinnt
Energie durch Energiegreduktion, heißt Ruhe.

Denn Ruhe bewirkt Liebe.
Dadurch scheint die Sonne heller, erfrischt uns
das Wasser, sind wir fit wie Fluss, kommt jetzt die
Glückslieferung.

Wenn wir es berechnen oder vorhersagen wollen, geht
das auch.
$E = m*c^2$, Denn m ist die ruhende Masse und
c^2 ist der Geist, das Leuchten der Blumen und Gräser

„Alter ist kein Datum, sondern Haltung".

Phänomenal vital: 3 magische Formen bestimmen
den Garten:

Stimulanz: Schönheit
Dominanz: Wildheit
Balance: Magie der Formen

Entdecke Hygge für Fortgeschrittene,

meint

Thomas Sonnberger

Wer die Natur versteht: versteht

Dumme rennen, Weise gehen durch den Garten.
(Rabindranath Tagore)

Wir freuen uns über jeden Sonnenschein, aber auch der Winterstimmung hat seinen Reiz. Die Chancen sind gleich. In der Natur werden wir von nichts abgelenkt, deshalb spüren wir in der Natur: Kraft und Freude.

Wenn ein Garten, eine Arbeitsstätte oder Wohnung nicht funktionieren, dann hängt das von der Wahrnehmung ab. Auch Logik bringt uns nicht weiter, da Logik auf einer Grundannahme aufbaut.

Selbstorganisation

ist die ganze Welt. Der Himmel wird der Idee (das Abstrakte) und die Erde wird der Realität zugeordnet. Wenn die Erde fehlt, dann bestehen Masken, Fassaden, vorgetäuschte Lebensfreude und Plastik. Ein Symptom dieser Leere ist die „Unpässlichkeit" etc. Hören wir wieder das Lied der Erde, die Durch-*lässig*keit, das Formen, Körpergefühl, Selbstliebe (Ich bin ok.), das Weibliche, Genuss und folglich die Liebe.

Emotionen

sind die Hauptdarsteller unserer
Untersuchungen, weil

- sie supra-neuronal, also ohne Reibung, wirken
- sie Luxus (Faszination) bewirken
- die Schwingung den Körper und Kommunikation
  steuert
- Musik doppelt erklärend wirkt, indem sie den Glauben an uns stärkt und die Stimmung vorhersagt
- Spiel und Kreativität folglich Gewinn auf beiden
  Seiten bewirken

Energie reduzieren und gewinnen

Akuter Stress ist kein Problem.

Langanhaltender Stress, und jetzt wird es ernst, löst Stresshormone aus, die den Körper vergiften. Die Folgen sind Schlaflosigkeit, Kopfschmerzen, Müdigkeit, Ohnmachtsgefühl und Verspannungen.

Was bringt Genuss, Natur und Kommunikation?

Am Beispiel Genuss kann das Kräftespiel erklärt werden:

Genuss ist Luxus, Antidepressiva und eine knappe Ressource zugleich. Deshalb macht Verzicht einen logischen Sinn. Feedback in der Kommunikation vermeidet auf alle Fälle Chaos.

Hölderlin wusste bereits: „Viel hat erfahren der Mensch ... seit ein Gespräch wir sind ...“

Wirtschaftsforscher Stiglitz weiß: „Kommunikation schafft Märkte.“

Energie und Kommunikation sind am Beispiel der kognitiven Dissonanztheorie erklärbar, denn ein gesättigter Mensch spürt keine kognitive Dissonanz, keinen Antrieb, heißt, Geld machen die Menschen, die die Herausforderung spüren.

Energie reduzieren oder die richtige Schwingung (den Rhythmus) finden machen Spaß und richtig stark.

In der Natur lenkt uns nichts ab, denn in der Natur ist Sein, Seele und Geist spürbar.

3000 v.Chr. pflegten die alten Ägypter Palastgärten und Tempel mit Nutz- und Zierpflanzen. Gemüsebeete wie Lauch, Zwiebel und Grantapfel waren bekannt.

Im alten China, 1500 v.Chr., war der Garten eine Mission, denn die Landschaft muss fließen und im gewissen Gleichgewicht sein.

Auch die Babylonier und Assyrer nützten Baumgärten für die Erholung und zum Schutz vor Hitze. Der Anbau von Gemüse, Gewürze und Duftpflanzen wurde kultiviert.

Die alten Römer, ab 500 v.Chr., nutzten Gemüsebeete, Obstgärten und Heilkräuter.

Ab 800 n.Chr. wurden in den Klostergärten Pflanzen studiert und zur Heilung eingesetzt.

In Frankreich, ab 1500 n.Chr., wurden große Anlagen mit geraden Baumreihen, Skulpturen, Steinwege und Brunnen als Motor der Macht inszeniert.

In England, ab 1800 n.Chr., symbolisieren Landschaftsgärten die Einheit mit der Natur oder die Rückbesinnung auf das Ursprüngliche. Bäume und Stäucher stehen im Mittelpunkt.

In den Räumen sind es die bildhaften Vergleiche, die uns stark machen.
Deshalb sind die Räume die Essenz, die biologische Grundlage des Menschen.

Die eigene Zeit

Schwingung.
Wenn sich die Erde einmal um die Sonne dreht ist es ein Jahr. Deshalb ist die Zeit eine Schwingung. Zeit können wir auch nicht sparen. Obwohl die Zeit physisch gemessen wird, sind wir die Zeit selbst. Dadurch können wir die eigene Zeit kreieren, planen und vorhersagen.

▲ Stimulanz: *Schönheit und Spiel sind* die Basis der Faszination und der Magie. Wenn die Blumen strahlen, verströmen wir Glückseligkeit.

▲ Dominanz: *Rhythmus, Schwingung und Wildheit Selbsteinschätzung hat den höchsten Wert auf unser Tun.*

Deshalb haben die Dirigenten von allen Berufsgruppen, die höchste Lebenserwartung.

▲ Balance: Magie der Formen, Einzigartigkeit und Zusammenarbeit fördern und machen Gewinne.

Entdecke
die neue Glückslieferung

EMOTIONEN

SCHLAGEN DIE DATEN

Unsere Natur Licht:

(Stimulanz)

Wunderwerk Zellerneuerung Das Licht steuert die Jahreszeiten, die Ernte, unseren Rhythmus und Tag und Nacht. Das blaue Licht in der Früh macht unseren Geist und unsere Zellen frisch und munter.

Wer Sommer sagt, der sagt auch: Strandsandalen und der Duft der Birnen, Blumen und Beeren.
Wenn die Sonne lacht, dann wird der Körper angeregt, um stimmungsaufhellende Hormone zu erzeugen.

Ready to Meer: Wunderwerk Wasserzelle

Kennen Sie einen Wasserfall? Die Stimmung, die Atmosphäre berührt jede menschliche Zelle. Da ist Wasser als Wunderwerk leicht erkennbar.

Wasser ist ein Energispeicher, Informationsspeicher, Verwandlungskünstler und gleicht dem Geist. Wir nehmen die Eiskristalle unter dem Mikroskop als Wunder der Natur und einen Bach als beruhigend wahr.
Wasser passt sich der Geschwindigkeit der Umgebung an und kühlt das Feuer. Es ist flexibel, leicht und fest zugleich; passt sich jeder Situation an und ist stärker als jeder Stein.

Es gab einmal Menschen, die über Müdigkeit und fahle Haut klagten. Was ist zu tun? Muskeln lagern Wasser ein, um die Haut frisch und den Körper knackig erscheinen zu lassen.

Der Atem wird gelassen und ruhig wie die Oberfläche des Sees. Der tief heilende Gedanke des Wassers bedeutet: fließen, träumen, fühlen, authentisch sein, Potenzial aufbauen.

Baum

(Dominanz)

Bäume werden stärker, wenn sie dem Wind ausgesetzt sind. (asiatische Weisheit)

▲ Licht und Wasser bringen die Bäume und Blumen zum Blühen. Jede Pflanze strebt zum Licht, um daran zu wachsen. Auch Entscheidungen setzen sich aus einem Profil (Baumstamm) und Alternativen (Ästen) zusammen. Lösungen und die Wirklichkeit können manchmal seitlich liegen.

▲ Alles hat seine Zeit. Anstelle des Grübelns oder Zweifels möchte ich lieber an die Lyrik denken. Das spirituelle Licht beginnt beispielsweise mit Musik richtig zu leuchten.

Nur der betet gut, der von Herzen liebt - den Menschen, den Vogel und das Tier. (Toktokkie)

Erde: *(Balance)*

„Unser Immunsystem ist so stark wie unsere Psyche", hat Nobelpreisträger Mario Capecchi einmal gesagt.

Würze verteilt die Nahrungsenergie im ganzen Körper. Deshalb ist Curry zum Beispiel eine Mischung aus bis zu „36" verschiedenen Gewürzen – wie zum Beispiel Senf, Pfeffer, Kardamom, Ingwer und Nelken ...

„Chilenin" is Partytime: Warum ist Chili so scharf? Verantwortlich dafür ist der Pflanzenstoff Capsaicin. Es fördert die Ausschüttung der Glückshormone der Führungskräfte und aktiviert die Fettverbrennung

.

Für mehr Konzentration: Her mit dem Frühstücksei! In ihm steckt der Nervenbotenstoff Cholin.

Kann man die Haut „beerenstark" machen? Ja, und zwar mit Paprika, Zwetschken, Äpfeln und Beeren. Beeren und Salat haben „Null Kalorien" und bringen Energie.

Erdverbundene Menschen lieben die Geselligkeit und sind schnell überall zu Hause.

Die Wurzeln der Erde nehmen ihre Nahrung aus der Erde. Wir bekommen unsere Nährstoffe aus dem Darm.

Kräuter sind und waren immer wertvoll, weil sie die Grundlage für Medizin und Leben bilden. Deshalb beheben die Gärtner Energiemangel und

Energieblockaden durch würzige Speisen.

Sein oder nicht Sein

Ein Adler fliegt in der Luft und entdeckt einen Hasen und einen Igel als Beute. Wenn er sich nicht entscheidet, verunsichert ist, verhungert er in der Luft und fällt irgendwann zu Boden ...

In der digitalen Welt ist Unsicherheit, Komplexität ein bedeutendes Thema. Ein Etappenziel, einen Meilenstein, den ersten Schritt zur Freude sezten

Stimulanz: Aufmerksamkeit, Freude, Meilenstein setzen
Dominanz: an sich glauben (ist es meins?), machen, tun
Balance: ausgleichen (erden)

Wir sind, wie wir unser Gehirn nutzen

Was unser Gehirn nicht mag, ist Komplexität.

Komplexitätsfalle: Kreis oder Pfeile?

Geniale Hormonkur

▲ Stimulanz: Belohnung für Freiheit, Sinnlichkeit, Spiel, Reiz, Humor, Schönheit, Stil etc.

▲ Dominanz: Belohnung des Jägers, des Kreativen, des Kontakters oder Inverstors für das Tun, die Kommunikation, Kreativität und die Taktik.

▲ Balance: Belohnung für Zusammenarbeit, Gemeinschaft und Ernte

Wenn der Zufriedenheitsspeicher leer bleibt, entstehen mindere Leistung, Noten und Süchte!
Das weltbeste Training sind selbst organisierende Übungen. Kunst wirkt selbstorganisiernd. Dadurch wird der Zufriedenheitspeicher gefüllt, das Gabahormon ausgeschüttet und wir fühlen uns den Herausforderungen gewachsen.

Super(t)raum - Gartenraum

▲ Den ersten Schritt nennen wir Stimulanz
Der Eingang zu einem Garten ist durch die
Schwelle und dem Vorgarten, dem Wohnzimmer
gekennzeichnet.

Wenn das Blumenbeet strahlt, strahlen die Menschen
zurück. Es ist der Horst des Lichts, der Gastfreundschaft, der Freude, des Spiels, damit Zusammenarbeit entsteht.

▲ Die zweite Phase nennen wir Dominanz,
der wir Bäume, Sträucher zuordnen.

▲ Die dritte Phase nennen wir Balance oder Ausgleich. Der Erholungsraum ist der Ort, um die
Ruhe zu fördern, damit Kreativität entsteht.

Es muss nicht immer ein Pool sein, sondern
mehrere Steinplatten ergeben nach einem Regen
einen Pool. Dieser Stein-Pool kann auch mit
einer Gießkanne befüllt werden.
Es ist also im kleinsten Garten Platz für einen
Pool.

Für einen Miniteich genügt ein halbiertes Wein-
fass (225 Liter) mit 75 Zentimeter Durchmesser,
eine Wasserspielpumpe, 45 Kilogramm Flusskies
und last but not least: Mini-Seerosen, Zwerg-
rohrkolben oder Sumpf-Schwertlilie, Wassersalat
oder Große Teichlinse sowie die Pflanzenkörbe.

Die Erholung beim Wasser ist ein Wunder der
Natur, nahezu unbezahlbar. Einfach fantastisch.

Eros, Essen, Emotionen
Blüten, Bienen, Paradies!

Um Bestäuber anzulocken oder schädliche Blü-
tenbesucher abzuwehren , verfügen Pflanzen über
einen Cocktail an Düften. (Robert R. Junker, Uni
Salzburg)
Auch die Brust war bei den Menschen früher ein
Duftorgan und erst später ein Organ zur Desinfek-
tion und Ernährung der Babys. Durch die Mode ist
es zusätzlich eine Kommunikationszentrale und
Machtzentrale geworden.
Machen Kleider Leute oder Beute?
Tiger, Zebras, Löwen wirken.

Stimulanz:
Wenn auf einer Wiese viele Blumen blühen, herrsch
Konkurrenz unter den Blüten. Auch Blumen warten
nicht auf den passenden Bestäuber, sondern senden
Duftsignale. Die Duftstoffe, die die Pflanzen aus-
senden, sind unglaublich vielfältig. Eine Pflanze
kann rund 100 Düfte ausströmen. Allerdings, nehmen
die Insekten die Düfte über die Rezeptoren an den
Fühlern und an den Beinen wahr.
Die Erotik (Sexualität) der Pflanzen ist kein Be-
stellformular, sondern ein Tanz der Freude und der
Leichtigkeit und der Kreativität. Genauso wirkt das
Hormon der Verliebten.

Dominanz:
Um sich gegen Feinde durchzusetzen verfügen sie
über ein Arsenal an verschiedenen Kampf-Düften.

Balance:
Wahrscheinlich haben auch die Tiere ihre Lieb-
lingsdüfte, wie Gras, Rosen, Nelken, Veilchen.

Herznoten, Kaisernoten

Wenn Sie etwas Schönes träumen wollen, dann besprühen Sie den Polster mit Rosenduft.
Um Energie zu tanken oder die Angst vor Jobs zu nehmen können Sie Lavendelduft und Orangenduft nehmen.

Unsere 30 Millionen Riechzellen können 10.000 Düfte unterscheiden. In der Kindheit lernen wir was gut und schlecht zu riechen hat.

Wenn die Energie abnimmt, kann das Inhalieren von Düften, zum Beispiel von Lavendel und Sandelholz, die Zellteilung fördern, die Blutchemie und die Genetik eines Menschen derart verändern, sodass er sich als phänomenal vital fühlt. (Daniela Busse, Hanns Hatt, Uni Bochum)

Der Duft von Seide auf der Haut - wie kann man sich das vorstellen? Ebenso wie reine Seide, welche die Haut in mehreren Lagen umschmiegt, umhüllen uns Düfte, weich fließend. Dafür sorgen Bergamotte, rosa Pfeffer und ein Akkord oder ein Hauch Veilchen und Birne, Pfingstrose, Orchidee und Amber runden die Komposition ab.

Das „Rascheln" der Hemden, das sanfte „Brummen" der Bäume, die vibrierende Stimmung dominierender Düfte, wie die prachtvoll tierische Hymne an Moschus, machen aus einem Winter einen Sonnentag.

Slogan/Name/Reim/Zitate stehen meistens am Anfang oder am Ende der Rede. Auf alle Fälle sollen Sie die Kommunikation mit einem Wunsch beenden.

Dominanz: Wachstum (Wildheit)

Die Japaner haben es immer schon gewusst. Wer regelmäßig im Wald spazieren geht, senkt seine Pulsfrequenz. Das hat zur Folge, dass das Herz besser mit Sauerstoff versorgt wird. Holz verjüngt und schärft unsere Sinne.

Sie haben keinen Wald?

Macht nichts. Die Holzforscher haben wissenschaftlich untermauert, dass Holz im Haus den gleichen Effekt hat. In der TCM steht Holz für Richtung und Überblick. Holz strahlt und gibt Wärme. Der Baum ist ein Sinnbild für Festigkeit, Wildheit und Wachstum.

Goldener Schnitt: Anreizenergie

Der ganze Körper des Menschen besteht aus dem Goldenen Schnitt. Der Goldene Schnitt ist ein Gesundheits- und Schönheitsideal.
Die schönsten und berühmtesten Bilder der Welt, wie Mona Lisa, Bauwerke, die Blüten, Schmetterlinge, Seesterne, der Bauchnabel, Atmung, Tonleiter und Rhythmen spiegeln den Goldenen Schnitt.

Lebenslauf

Kapitel 1

Happy up your life

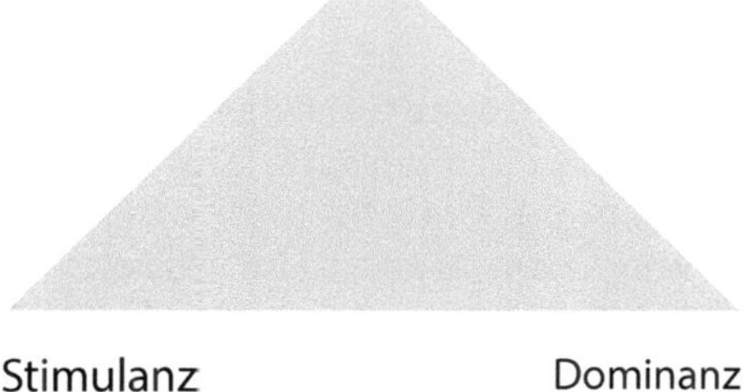

EINGANG,

VORGARTEN

SCHÖNHEIT

STIMULANZ

Stimulanz: Eingang

Bei den Kirchen aller Religionen sehen wir, wie wichtig das Eingangstor ist, denn es ist der Übergang zu einem neuen Raum. Deshalb gibt es auch keine Show ohne Showtreppe. Das Gesetz des Anfangs ist folglich das Gesetz der Anziehung.

Vorgärten, Visitenkarte

Der Vorgarten repräsentiert das Haus, heißt, hier beginnt ein neuer Abschnitt, ein neues Leben. Der Vorgarten ist Pflicht und Kür, denn er besteht aus Weg zum Haus, zur Garage, zum Gartenhäuschen und Sichtschutz für Mistkübel. Dazu eignen sich Zäune, den man mit Efeu beranken lassen könnte und Hecken. Zur Dekoration des Eingangs passen Tröge aller Art, Glasmalerei, Skulpturen, Brunnen an der Wand, Sprudelsteine, Antikbrunnen, Stilbrunnen, Natursteinbrunnen, Kürbisse, Türkränze, Blumensträusse.

Apropos Brunnen: Wasser ist ein Beispiel für bewegte und unbewegte Kraft, bewirkt: „Energie durch Energiereduktion", heißt: „Theorie des Flow, der Freude, der Schwingung und der Automagie".

Was den Himmel zum Leuchten bringt
Grüne, rote, violette Schleier erleuchten den Nachthimmel über den Polen. Die Energie stammt vom Sonnenwind. Sogenannte magnetische Flussröhren lassen das Magentfeld durchlässig werden. (Rumi Nakamura, ÖAW Graz)

Here shines the sun

Ein Tag ohne Licht oder Sonne ist vergleichbar mit einer Zigarette. Vom Licht hängt ab, wann wir müde werden, einschlafen, frisch und munter sind, aber auch die Körpertemperatur und viele Rhythmen hängen vom Licht ab. Aus theologischer Sicht tragen wir alle das göttliche Licht in uns.
Die Top-Trainer arbeiten, solange sie das Feuer (Licht) der Begeisterung weitergeben können, will heißen $E = mc^2$.

▲ Stimulanz: Hautärzte plädieren für einen sinnvollen Umgang mit der Sonne. Denn Vitamin D reduziert das Risiko von Erkrankungen.
Der Aufenthalt im Tageslicht integriert die Sinne, wie sehen, hören, tasten, riechen und schmecken, im Körper.

▲ Dominanz: Am Abend brauchen wir rotes Licht wie beim Lagerfeuer und in der Früh blaues Licht wie es normalerweise vorkommt.
Kerzenlicht, mehrere Scheinwerfer oder gedimmtes Licht kreieren Sinnlichkeit für Mensch und Produkt.

▲ Balance: Licht ist ein Lebensmittel, Motivationsmittel und ein Rhythmusmittel.

*Wie sieht der Weg zur Klarheit, meinem Entfaltungs-
prozess aus?*

Das Blumenbeet inspiriert zu Kreativität und Ent-
wicklung.

*Wie kann ich meinen Erfahrungsschatz (und Kom-
petenz) nützen? Welche Wegweiser begleiten mich?*

Auf dem Weg der Gegensätze finden wir unsere
Orientierung. Jeder Plan, wissen leidgeprüfte Ge-
neräle, stirbt mit der ersten Feindberührung. Deshalb stehen Spiel und Kreativität im Fokus unserer
Betrachtungen.

Kunst tröstet und ist der Motor für alles.

Sonntagskinder, Sonnenkinder

Aufgeblüht

Bei einzelnen Pflanzen lässt sich erkennen, dass
sie die Sonne lieben und sogar brauchen.
Damit sich die Pflanzen wohl fühlen ist auf gute
Bodenverhältnisse zu achten. Wer einen schwe-
ren, lehmigen, nähstoffreichen Boden vorfindet,
muss zum Spaten greifen. Sonnenkinder blühen
hier nur, wenn das Wasser abfließen kann, heißt,
wenn der Boden mit Kies, Splitt und Sand durch-
mischt ist.

Richtig dosiert kann der Mulch an der Oberfläche das Jäten ersparen oder reduzieren. Wer
Buschrosen anpflanzt erspart sich den Rasen
und das Mähen.

Rosen
sind die anspruchlosesten und schönsten Blumen,
kein Mensch kann sich ihrem Zauber entziehen.
In voller Blütenpracht leuchten die Rosen und
verströmen einen Duft. Die Rose ist eine Heil-
pflanze, die seit Menschengedenken in der Medizin und Kulinarik eingesetzt wird. Als Dekor
und Rosenspritzer ist sie das bezaubernde High-
light jeder Einladung. Der Anblick der Blüte
wirkt heilend für Haut und Seele. Die Früchte,
die Hagebutten, werden als Tee oder Marmelade
verwendet. Kombiniert mit Kräutern wie Rosma-
rin, Salbei und Thymian bringt sie Romantik in
jeden Garten.

Lavendel hilft die Blattläuse zu vertreiben.
Vormerken, im August soll der Lavendel zurückgeschnitten werden, damit wieder schöne Blüten
entstehen. In einem Sackerl können die getrock-
neten Samen aufbewahrt werden, um den Kleider-
schrank zu beduften.

Gladiole
verdankt ihren Namen den Blütenstängelen, die
wie Schwerter aussehen (lat. gladius = Schwert)
Die Gladiole braucht Sonne, lockere Erde und
viel Platz.

Zinien
sind seit Jahrhuderten bei uns heimisch. Sie sind
pflegeleicht, in allen Farben erhältlich, wollen
Sonne und wachsen auch auf dem Balkon.

Jungfrau im Grünen
ist eine anspruchlose Gartenpflanze, die aus
dem Mittelmeerraum stammt. Sie liebt die Sonne
und ist ein Anziehungspunkt für Schmetterlinge
und Bienen.

Lauch
Er ist ein exzellenter Küchenhelfer, verzaubert
unsere Speisen und der Zierlauch inspiriert zur
wirkungsvoller Dekoration für liebliche Wind-
lichter und als Blütenherz auf dem Tisch oder in
den Bilderrahmen.
Die lilafarbenen Blüten geben eine frühlingshaf-
te Note und wer mag, der gibt sich ein bisschen
in den Suppenteller oder in den Salat.

Es geht auch ohne Rauch

Sich das Rauchen abzugewöhnen hilft die Natur
mit Heilpflanzen.

Süssholz
stammt aus den Tropen und der Saft ist Aus-
gangsstoff für Lakritze. Ihre Wirkstoffe helfen
der Lunge und stoppen Heiserkeit. Süssholz über
die Nacht ziehen lassen und als Tee zubereiten.

Johanneskraut
Zur Herstellung von Rotöl brauchen Sie 25g Blüten-
knospen, 100 g Olivenöl und 6 Wochen ruhen
lassen. Danach 3 x täglich einen Teelöfel zur
Entspannung.

Es eignen sich viele Kräuter entweder als Tee
oder als Kräuteröl zubereitet.

Terrasse

Was will ich fühlen?

Soziale Gegebenheiten, heißt Gastfreundschaft, spiegeln sich bei der Terrasse neben dem Blumenbeet wieder. Die Terrasse, für manche das Wohnzimmer, treffen sich die Menschen zur Unterhaltung, zum Gedankenaustausch, zu Symposien. Bei Neuplanungen steht die Terrasse als Wohnoase oder Bürooase oft an erster Stelle.

Warum?
In den meisten Terrassen ist keine Leichtigkeit spürbar. Durch Humor können Konflikte und Erkrankungen geheilt werden, die Kilos purzeln.

In der Antike stand der Gast unter dem Schutz des Gottvaters Zeus. Die Form des Tisches bestimmt die Ordnung. Wer vorne sitzt hat den Überblick, zieht die Blicke auf sich.

Wie sieht die Schwingung aus, damit Freude entsteht?
Begeisterung (Feuerwerk) ist der Antagonist des Wassers, des Meisters des Potentials. Sie bestimmen die Erfüllung des Lebens.

Kapitel 2

Entdecke
die neue Glückslieferung

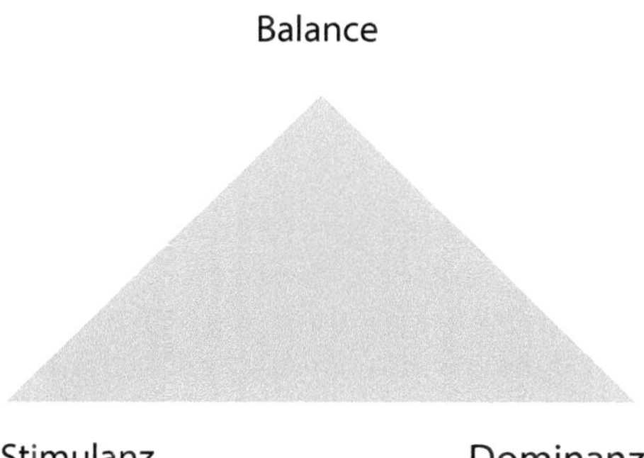

BÄUME, STRÄUCHER

DOMINANZ:

WILDHEIT)

Mediterrane Oase

Mit den geeigneten Pflanzen, den richtigen Töpfen
und Farben lässt sich ein Stück Toskana, Anda-
lusien, Neuseeland in die Gartenwelt holen.
Tricks: Schneiden Sie die Smaragd-Thujen wie
die toskanische Säulenzypresse, Schwarzföhren
können so gepflegt werden,dass sie früher einen
Schirm bekommen. Ein südliches Flair gibt der
immergrüne Spindelstrauch und der Mandel-
baum.

Palmen und Zitrusfrüchte können auch in Terra-
kotta-Töpfen gehalten werden. Wer will kann
auch die Pflanzen mit dem Kübel eingraben. Die
Meisten mediterranen Pflanzen sind nicht frost-
hart und vertragen keine Staunässe. Lehmböden,
wie sie bei uns häufig sind, verursachen Staunässe
und folglich Sauerstoffmangel. Deshalb sollte
man Kies oder geeigneten Sand beimischen, um
einen guten Abfluss des Wassers zu erreichen.

Steinmauern spenden in der Früh Feuchtigkeit
und tagsüber Wärme.
Ideal für Südfrüchte.
Duftende Kräutergärten, wie Basilikum, Orega-
no, Salbei, Thymian und Minze gedeihen sowohl
im Beet als auch im Topf und passen in jedem
Garten, Terrasse oder Balkon.

Pflegeleichte Pflanzen, Stäucher

Rittersporn
Er braucht Platz, Sonne und einen nähstoffreichen Boden. Pflege braucht der Ritterspron wenig. Nach der Blüte schneiden.

Bergaster
benötigt Sonne. Sie wird im Frühjahr und Herbst zurückgeschnitten.

Präriemalve
Die Staude glänzt mit ihre pupurroten Blüten und stellt wenig Ansprüche an den Standort. Sie wird im Frühjahr und im Herbst zurückgeschnitten.

Sonnenhut oder Echinacea
braucht nur Sonne und einen humusreichen Boden.

Polster-Phlox
Der immergrüne Polster eignet sich für Steingärten mit sandigen Böden. Wird der Polster-Phlox nach der Blüte geschnitten trägt er einen zweiten Flor.

Buschmalve
ist ein verholzendes Gewächs. Sonne und Nährstoffe sind ein Muss.

Steckrose
Der Boden muss nährstoffreich und feucht sein.
Die Blüten können alle Farben haben.

Islandmohn
gedeiht sogar auf Geröll und wird bis zu 50 Zentimeter hoch.

Schafgarbe
Ein Schafgarbe kommt selten allein, denn sie
wird von Bienen und Schmetterlingen geliebt.
Die Achiellea millefolium ist ein echtes Sonnen-
kind und gedeiht auf durchlässigen Böden.

Kissenaster
Der Horst soll nach zwei Jahren kräftig geschnitten
werden. Die Blume schätzt nährstoffreichen, lo-
ckeren Boden und bedankt sich mit einer Blütenpracht.

Fetthenne
wächst überall und verträgt nur keine nassen
Füße.

Gefüllte Bertramsgarbe
Sie blüht auf durchlässigen, feuchte, humosen
Böden. Die weißen Doldenblüten wirken solitär
und in bunten Beeten wunderschön.

Bad, Pool

Für die Römer hatte das Bad nicht nur eine reinigende, sondern eine heilende Wirkung. Im Sinne der Römer ordnen wir das Bad der Dominanz zu.
Das Wasser ist flexibel, anpassungsfähig und ändert ständig seine Form.
Wasser als Element ist die Basis der Kunst, des Spiels und der Sprache.

Bin ich beweglich?

Bin ich seelisch frei?
Fühle ich mich wie getauft oder neugeboren? Kann ich, wenn ich will, auch spielen wie ein Kind?

Im Christentum befreit die Taufe, und in vielen anderen Religionen gibt es rituelle Bäder. Deshalb ist das Badezimmer der Ort der Reinigung und des Loslassens. Wasser ist mehr; in der traditionellen asiatischen Medizin symbolisiert es: Langsamkeit, Selbstvertrauen, Festigkeit, Potenzial, denn es umfließt jedes Hindernis und ist stärker als Stein.

Fühle ich mich entspannt und frei?
Wasser beruhigt das Herz, festigt Körper und Persönlichkeit. Dadurch verschwinden alle Unpässlichkeiten.
Wasser ist der Antagonist des Feuers, des Meisters der Verschmelzung.
Jeder Wasserstropfen enthält die Weisheit des Ozeans.

Liebe geht durch die Küche

Nimmt man Gartenpartys unter die Lupe, lässt sich beobachten, dass viele Gäste die Kochstelle aufsuchen.

Das Herdfeuer ist der größte Schatz der Versorgung. Das Feuer war heilig und wurde den Göttinnen gewidmet.

Es gibt keine Liebe, die aufrichtiger ist, als die zum Kochen. Genuss gibt es nicht in großen Mengen, sondern in kleinen Dosen und in Einfachheit.

Rezepte

- Maronisuppe oder Topinambursuppe mit Feigen
- Maissuppe mit Haselnuss und Kresse
- Linsensuppe mit Marille oder Maroni

„7 Fingers" eine Produktion aus Zirkus, Tanz und Akrobatik und besticht durch eine Kocheinlage. Die Besucher können an der Koch-Vorstellung mitmachen und anschließend genießen.

Kreative Entwicklungen brauchen Raum und Zeit.
Durch die Kreativität reifen die Ideen zu Form und
Inhalt.

Das Wie ordnen wir der Dominanz zu.
Wie informiere ich mich?
Wie kommt ein Projekt ins Laufen?

Dominanz definieren wir als Schwingung, vibirie-
rende Stimmung, mit einem Akkord oder Hauch von
Leichtigkeit und Freude.

Eine Qual, die klaglos hingenommen wird

Wenn ich in einem Garten dabeisein darf, dann
wird das gerne gesehen; doch dann stoße ich dort
auf was? Auf platte Eindrücke: mit der entspre-
chenden Einrichtung. Auf platten Reifen kann ich
nicht nach Italien fahren. Obwohl platte Reifen
eine Qual sind, die ja nun wirklich spürbar sind,
höre ich niemanden darüber klagen.

Wohl höre ich das die Arbeitszeit nicht reicht und
Arbeit keinen Spaß macht. Kann ein Zusammen-
hang bestehen zwischen Arbeitsstumpfsinn und
Ausrüstungsstumpfsinn?
Dass Arbeiten mühselig sein kann, stimmt sofort
dann, wenn das notwendige Gerät fehlt.

Oder kennen Sie einen Handwerker ohne Werkzeug?

Ein scharfer Verstand zerlegt eine Pflaume oder eine Niete allein durch sanften Druck, nicht durch quälendes Grübeln. Wenn Arbeit ausschließlich Anstrengung ist, dann ist der Verstand nicht mehr ganz scharf.

Die Gärten sind stumpf. Und jetzt? Nur ein Profi macht stumpfe Gärtem knusprig oder wunschgemäß scharf. Ich bin also erst begeistert, wenn die Leute im Garten Energie ausstrahlen.

Stress, schlaflose Nächte alles erspart man sich mit Humor und einem scharfen Verstand.

Die Formen bestimmen die Zusammenarbeit
Die Frage nach Beziehungen oder der sozialen Intelligenz und Zusammenarbeit entscheidet ob wir das Leben und im Garten erfolgreich sind. Im Fußball ist es klar, dass nur Zusammenarbeit die Tore schießt. Dabei arbeiten ganz unterschiedeliche Fußballspieler zusamennen.

Wie klingt das Design?

Kapitel 3

Entdecke
die neue Glückslieferung

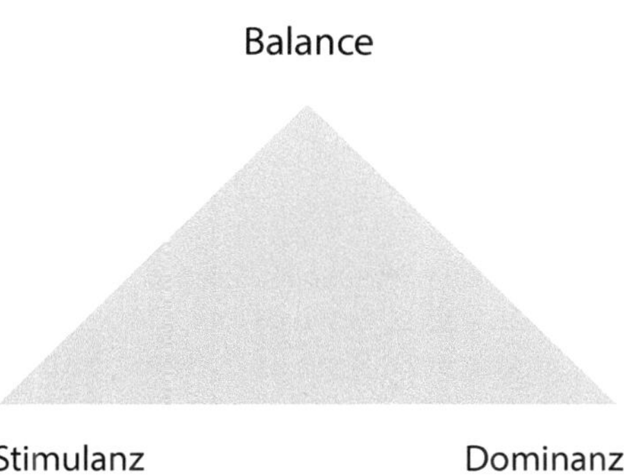

WIESE, GARTENPOOL, LIEGEN,
BALANCE

MAGISCHE FORMEN

Erholung

Die Schnellen brauchen ihr Leben schneller auf.
Ein Beispiel gefällig? Die Eintagsfliegen haben die
kürzeste Lebenserwartung, nämlich, einen Tag ...

Wer aus der Gegenwart nach vorne blickt, sieht die
Zukunft. Die Zukunft ist unsere einzige Freiheit.
Liebe richtig genützt bringt Körperbeherrschung,
und damit die alles durchdringende, verbindende
und freigebende Kraft.

Im Erholungsraum zieht man sich bewusst von der
Außenwelt zurück, kommt der Geist zur Ruhe ...

*Kennen Sie die Qualität Ihrer Wiese als Erholungs-
raum?*

Wer sich verbessern möchte, macht aus dem Erholungsraum den Ort der Ressourcen und der Zeit-
losigkeit, um auszugleichen und aufzutanken.

Lass doch Grass darüber wachsen

Im Frühjahr ist es gerade Zeit, den Rasen auf Vordermann zu bringen. Die ursprüngliche Methode des Handaussäens erfordert viel Erfahrung und Fingerspitzengefühl. Mit den richtigen Handbewegungen die Grassamen gleichmäßig verteilen.

Den Frühjahrsputz für den Rasen kann man sich auch mit Begrünungssystemen erleichtern.

Kann man Führung und Kommunikation lieben?

Woran wir denken

und wofür wir danken,

das wird uns gelingen.

J. Demartini

Stimulanz: Blumen bewirken Anziehung, Magnetismus, Faszination und Spielfreude

Dominanz: Bäume symbolisieren Rhythmus, Elektrizität, Überzeugung, das Wesentliche

Balance: Erde nimmt Wasser und Wärme auf, und gibt es bei Bedarf ab. Ein guter Boden (die Erde) ist die Basis für Genuss, Harmonie und folglich für die Gemeinschaft. Wie fühle ich mich?

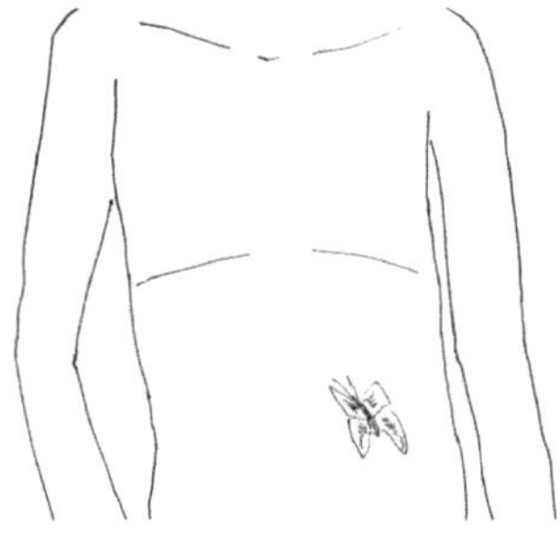

Wie viele Schmetterlinge möchte ich ...?

Das Wort ist ein Donner oder ein

Glühwürmchen.

Das Wort ist mächtig.

Mark Twain

Kapitel 4

Glückslieferung

GARDEN BATHING

PHÄNOMENAL VITAL

TEST

Welchen Garten will ich?

- Wassergarten (Sprudel, Wasserfall, Quellstein)

- Cottagegarten (romantischer Garten mit Pergola)

- Farbgarten (z.B. englischer, weißer Garten)

- Familiengarten mit Kinderbeete (Sandkiste)

- Urban Farming (Tiere, Baumhäuser)

- Dekorativer Nutzgarten (Targetes, Salat, Mangold oder Grünkohl)

- Mediterraner Garten (Terracotta, Pergola)

- Asiatischer Garten

Glückstest

Wie wirkt Ihr Garten?

▲ Stimulanz: Schönheit, liebe Gäste (Visitkarte)
Vorgarten
Eingangstor
Weg zur Terrasse

▲ Dominanz: Wildheit, Wachstum

Es ist schade, wieviele Studenten, Hausfrauen und Manager an ihrer Tätigkeit verzweifeln. Der Garten bietet die Möglichkeit. sich auf andere Dinge zu besinnen. Kreativität und Konzentration wird spürbar.

Bäume, Stäucher
Kochstelle
Wasserstellen

▲ Balance: Magische Formen
Liegen und Pool

3 Knackpunkte zu Glück

Wiese, Erholungsraum:
Ruhe, Liebe, Genuss
Magie der Formen

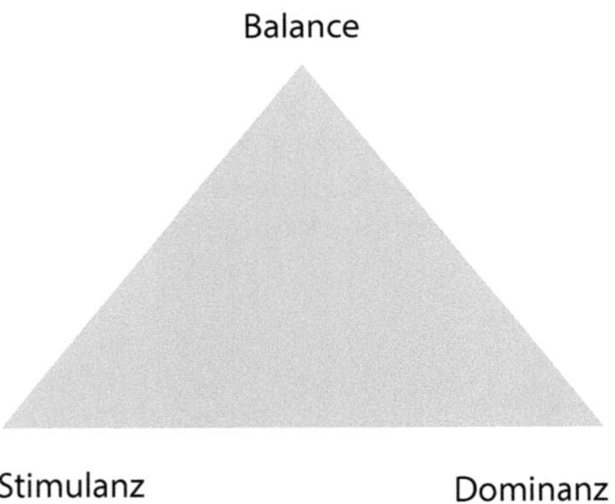

Eingang,	*Bäume, Sträucher*
Blumenbeet	*(Wildheit)*
Terrasse (Wohnzimmer)	*Bad, Griller, Küche*
Spiel, Linie	*Richtung, Rhythmus,*
Schönheit	*Das* Wesentliche *wird*
Humor	*nicht hinterfragt*
Ressource	*Veränderung, Glaube*

Erfüllungsgrad

Leben und Garten sind eine Liebesbeziehung und Sinn

Stimulanz:
Licht, Sonne bewirken Freude, Bewustsein und Leichtigkeit.

Dominanz:
Erzählen Sie nicht was der Garten ist, sondern das Lebensgefühl und verwenden Sie dazu Bilder, Töne, Reliquien und Referenzen. Auch Musiker wie die Rolling Stones: haben nie Vinylplatten, Silberscheiben oder Downloads verkauft, sondern ein Lebensgefühl.

Balance:
Die Krähen sagen: „ Krah, Krah" und meinen damit: „ich bin da, ich bin da". Auch der Partner möchte nicht alleingelassen werden.

Faszination Erfüllungsgrad

Vilfredo Pareto entwickelte ein Prinzip, das man auch 20-80 Regel nennt. Im Ökonomiesprech besagt diese: 80 Prozent eines Effektes werden über nur 20 Prozent der Ursache erzeugt. Auf unser Leben umgelegt: Mit wenig Anstrengung kommen wir schon zu einem sehr guten Erfolg. Mehr noch: Nach Pareto bewirkt mehr Anstrengung nichts, sie kostet nur unnötig viel mehr Zeit.
Deshalb können Sie einen Großteil der Aufgaben gleich erledigen und sich leicht und locker fühlen.

Kommunikation:

Aller Anfang ist ein Zauber ....

▲ Stimulanz: Blüten orientieren sich am Licht, sensitive Intelligenz, Spiel aufbauen

▲ Dominanz: Baum, Rhythmus, Positionierung

▲ Balance: Magie der Formen, das Runde ins Eckige bringen, bewirkt Zusammenspiel

Emotionen sind die Spielregel

Wie lernen wir?

Die Qualität der Schwingung ist das Leben, der Erfolg, das Glück.
Wenn die Zeit eine Schwingung ist, dann können wir die Wellen erkennen, planen und vorhersagen.
Im erweiterten Sinn hat das Schrödinger schon gesagt.

Wer die Emotionen durchschaut

- bleibt attraktiv, bewirkt Aufmerksamkeit ...
- nützt die Plastizität der Nerven,
- spart mentale Energie (Glukose),
- steuert den Körper, Organismus und Kommunikation

Ohne Bewusstsein kommt kein Tonus, keine Bewegung, in die Gänge.

Was ist für das kommende Jahr wichtig?
Fokuss: Was wünsche ich mir vom Team, Familie?

Verknüpfen: Die Erlebnisse mit dem Team, dem Business, der Zukunft oder dem Ansprechpartner verknüpfen.

Das Runde ins Eckige bringen bewirkt Magie.

Die Kunst, ein Fisch zu sein

Haben Sie schon einen Fisch beobachtet?

- Stimulanz: seitliches nähern,
- Dominanz: schwimmen, zupacken, tun
- Balance: ausgleichen

Was für das Herz gut ist, tut gut

Der Garten ist der Schritt zum Schwung und wer will, kann sich steigern.

Interessanterweise wird emotionally (engl.) als seelisch und Spirit als Charakter übersetzt.

Sportler idealisieren und lieben die Bewegungen, weil es am Rande der Göttlichkeit wirkt, der Muskel Wasser enthält, dadurch der Körper geschmeidig bleibt, Freude und eine schöne Lernkurve entsteht.

Durch Bewegung kann der Geist besser arbeiten, sich tatsächlich erholen.

Die Selbsteinschätzung von Geist und Körper hat einen enormen Einfluss auf die Stimmung, die Leistung und die Pflege.

Test

▲ Stimulanz:
- Ich bin unterkühlt, verspannt
- Ich bin öfters müde

▲ Dominanz:
- Ich habe Schwierigkeiten Beschleunigung,
  Rhythmen und abstraktes Denken beizubehalten,
  Entscheidungen zu treffen
- Ich kann zu Hause nicht ab-
  schalten, Pausen reichen nicht

▲ Balance:
- Ich schlafe unruhig
- Ödnis entsteht

Lösung

▲ Sonne: Licht, Lachen, Unabhängigkeit, Spiel bewirken Attraktivät (Anziehung) und Magnetismus

▲ Baum: Zeit-, Lebens- und Bewusstseinsformel:
  Energie durch Energiereduktion, siehe $E = m*c^2$,
  (m = Festigkeit), denn Emotionen wirken supra-
  neuronal, also ohne Reibung. c^2, Schwingung,
  Rhythmus reduzieren Unnötiges.

▲ Erde: Ausgleich, Natur, Durchlässigkeit, Genuss
  bringt uns in die Mitte. Dadurch entsteht Zufrie-
  denheit, man fühlt sich ganz.

Was hilft?

Unter Stress schaltet der Körper das Wachstum und das Immunsystem ab.

▲   Dysstimulanz: Die Menschen vermeiden die Sonne (die Faszination). Schwere entsteht.

▲   Dysdominanz: Die Menschen vermeiden die Chilli-Strategie (das Handeln). Enttäuschung entsteht.

▲　Dysbalance: Die Menschen vermeiden die Liebe, die Authentizität, das Sein und den Ausgleich.

Glück für Fortgeschrittene